BEI GRIN MACHT SICH IHR WISSEN BEZAHLT

- Wir veröffentlichen Ihre Hausarbeit, Bachelor- und Masterarbeit

- Ihr eigenes eBook und Buch - weltweit in allen wichtigen Shops

- Verdienen Sie an jedem Verkauf

Jetzt bei www.GRIN.com hochladen und kostenlos publizieren

Wolfgang Göbels

Sudoku als Mathe-Coach - Effektives Rechentraining für die Klassen 5 und 6

Grundrechenarten mit Spiel und Spannung üben

GRIN Verlag

Bibliografische Information der Deutschen Nationalbibliothek:

Die Deutsche Bibliothek verzeichnet diese Publikation in der Deutschen National-
bibliografie; detaillierte bibliografische Daten sind im Internet über http://dnb.d-
nb.de/ abrufbar.

Dieses Werk sowie alle darin enthaltenen einzelnen Beiträge und Abbildungen
sind urheberrechtlich geschützt. Jede Verwertung, die nicht ausdrücklich vom
Urheberrechtsschutz zugelassen ist, bedarf der vorherigen Zustimmung des Verla-
ges. Das gilt insbesondere für Vervielfältigungen, Bearbeitungen, Übersetzungen,
Mikroverfilmungen, Auswertungen durch Datenbanken und für die Einspeicherung
und Verarbeitung in elektronische Systeme. Alle Rechte, auch die des auszugsweisen
Nachdrucks, der fotomechanischen Wiedergabe (einschließlich Mikrokopie) sowie
der Auswertung durch Datenbanken oder ähnliche Einrichtungen, vorbehalten.

Impressum:

Copyright © 2011 GRIN Verlag GmbH
Druck und Bindung: Books on Demand GmbH, Norderstedt Germany
ISBN: 978-3-640-99557-8

GRIN - Your knowledge has value

Der GRIN Verlag publiziert seit 1998 wissenschaftliche Arbeiten von Studenten, Hochschullehrern und anderen Akademikern als eBook und gedrucktes Buch. Die Verlagswebsite www.grin.com ist die ideale Plattform zur Veröffentlichung von Hausarbeiten, Abschlussarbeiten, wissenschaftlichen Aufsätzen, Dissertationen und Fachbüchern.

Besuchen Sie uns im Internet:

http://www.grin.com/

http://www.facebook.com/grincom

http://www.twitter.com/grin_com

Wolfgang Göbels

Sudoku als Mathe-Coach

Effektives Rechentraining für die Klassen 5 und 6

Allgemeine Hinweise:

Die hier dargebotenen Arbeitsblätter entlasten die Lehrkraft enorm, da sie sofort im Unterricht einsetzbar sind und eine komplette Selbstkontrolle durch die Schülerinnen und Schüler beinhalten. Wie die Titel der Arbeitsblätter schon andeuten, handelt es sich um schwierigere Sudoku-Rätsel mit angebotenen Hilfestellungen in Form von Lösungen mathematischer Aufgaben. Die Niveaustufen der Sudoku-Rätsel sind so hoch angesetzt, dass die Schülerinnen und Schüler mehr oder weniger zwangsläufig auf mathematische Hilfe angewiesen sind.
Diese neuartige Mischung aus Sudoku-Strategien und Mathematik der Klassen 5 und 6 vermittelt Spannung und motiviert durch die spielerischen Akzente.

Viel Erfolg wünschen der Autor und der Verlag!

Inhaltsverzeichnis: **Seite:**

Sudoku mit mathematischer Unterstützung - Rechnen hilft weiter

	A	B	C	D	E	F	G	H	I
1						15		18	
2		11			16				17
3	14				12		19		
4	13					18		15	
5		17						11	
6		16				14			12
7			19		13				16
8	12				11			17	
9		15		16					

- Fülle die leeren Kästchen mit neun aufeinanderfolgenden natürlichen Zahlen aus.
- Die kleinste dieser neun Zahlen ist   11   .
- In jeder Zeile und in jeder Spalte darf jede dieser neun Zahlen nur genau einmal vorkommen.
- Auch in jedem der neun fett umrandeten 3mal3-Felder darf jede dieser neun Zahlen nur genau einmal vorkommen.
- Immer wenn du mal nicht mehr weiterkommst, löse die zugehörige Aufgabe und trage die richtige Lösung ein.

A1	_____ m	+	4 mm	=	16004 mm
A2	43 dm	-	_____ cm	=	411 cm
A5	_____ dm	+	2 dm	=	17 dm
A6	_____ m	+	14 m	=	25 m
A7	_____ m²	+	10 mm²	=	18000010 mm²
A9	_____ cm²	+	2 cm²	=	19 cm²
B1	56 dm²	-	_____ dm²	=	44 dm²
B3	_____ m²	+	17 m²	=	35 m²
B4	_____ m³	+	6 mm³	=	19000000006 mm³

Sudoku mit mathematischer Unterstützung - Rechnen hilft weiter

B7	42 cm³	-	_____ cm³	=	28 cm³
B8	48 dm³	-	_____ dm³	=	35 dm³
C1	57 m³	-	_____ m³	=	40 m³
C2	_____ cl	+	18 ml	=	168 ml
C3	_____ l	+	19 cl	=	1319 cl
C4	_____ l	+	2 dl	=	122 dl
C5	_____ l	+	16 l	=	30 l
C6	51 g	-	_____ mg	=	50982 mg
C8	_____ g	+	14 g	=	30 g
C9	60 kg	-	_____ kg	=	49 kg
D1	_____ t	+	12 t	=	31 t
D2	_____ min	+	16 s	=	1096 s
D3	_____ min	+	15 min	=	32 min
D4	_____ h	+	10 h	=	21 h
D5	43 dm	-	_____ mm	=	4288 mm
D6	_____ dm	+	15 cm	=	145 cm
D7	52 dm	-	_____ dm	=	37 dm
D8	_____ m	+	4 m	=	18 m
E1	46 mm²	-	_____ mm²	=	32 mm²
E4	_____ cm²	+	17 cm²	=	34 cm²
E5	60 m²	-	_____ dm²	=	5981 dm²
E6	41 m²	-	_____ m²	=	26 m²
E9	47 cm³	-	_____ mm³	=	46982 mm³
F2	_____ dm³	+	8 cm³	=	13008 cm³
F3	_____ m³	+	2 dm³	=	11002 dm³
F5	41 m³	-	_____ m³	=	25 m³
F7	47 dl	-	_____ ml	=	4683 ml

Sudoku mit mathematischer Unterstützung - Rechnen hilft weiter

F8	57 dl	-	_____ cl	=	551 cl
F9	_____ l	+	4 dl	=	124 dl
G1	51 l	-	_____ l	=	38 l
G2	_____ g	+	2 mg	=	12002 mg
G4	54 kg	-	_____ g	=	53984 g
G5	_____ t	+	8 kg	=	18008 kg
G6	_____ t	+	6 t	=	23 t
G7	_____ s	+	14 s	=	25 s
G8	41 min	-	_____ min	=	26 min
G9	48 h	-	_____ h	=	34 h
H2	_____ m	+	2 mm	=	14002 mm
H3	52 cm	-	_____ cm	=	36 cm
H6	57 dm	-	_____ dm	=	38 dm
H7	_____ m	+	10 m	=	22 m
H9	_____ m²	+	9 mm²	=	13000009 mm²
I1	_____ cm²	+	17 cm²	=	28 cm²
I3	52 dm²	-	_____ dm²	=	37 dm²
I4	45 m²	-	_____ m²	=	31 m²
I5	44 m³	-	_____ mm³	=	43999999987 mm³
I8	60 m³	-	_____ cm³	=	59999982 cm³
I9	56 m³	-	_____ dm³	=	55981 dm³

Sudoku mit mathematischer Unterstützung - Rechnen hilft weiter

	A	B	C	D	E	F	G	H	I
1						8		11	
2		4			9				10
3	7				5		12		
4	6					11		8	
5		10						4	
6		9				7			5
7			12		6				9
8	5				4			10	
9		8		9					

- Fülle die leeren Kästchen mit neun aufeinanderfolgenden natürlichen Zahlen aus.
- Die kleinste dieser neun Zahlen ist   4   .
- In jeder Zeile und in jeder Spalte darf jede dieser neun Zahlen nur genau einmal vorkommen.
- Auch in jedem der neun fett umrandeten 3mal3-Felder darf jede dieser neun Zahlen nur genau einmal vorkommen.
- Immer wenn du mal nicht mehr weiterkommst, löse die zugehörige Aufgabe und trage die richtige Lösung ein.

A1	_____ m	+	18 mm	=	9018 mm
A2	_____ dm	+	19 cm	=	139 cm
A5	_____ dm	+	13 dm	=	21 dm
A6	_____ m	+	4 m	=	8 m
A7	56 m	-	_____ mm	=	55989 mm
A9	53 m	-	_____ cm	=	5290 cm
B1	_____ m	+	9 dm	=	59 dm
B3	_____ m	+	12 m	=	23 m
B4	_____ mm	+	10 mm	=	22 mm

Sudoku mit mathematischer Unterstützung - Rechnen hilft weiter

B7	_____ dm	+	4 cm	=	74 cm
B8	_____ dm	+	15 dm	=	21 dm
C1	_____ m	+	18 m	=	28 m
C2	41 cm	-	_____ mm	=	402 mm
C3	_____ dm	+	4 cm	=	64 cm
C4	52 m	-	_____ dm	=	515 dm
C5	_____ m	+	19 m	=	26 m
C6	_____ g	+	12 mg	=	11012 mg
C8	54 g	-	_____ g	=	45 g
C9	51 kg	-	_____ kg	=	47 kg
D1	44 t	-	_____ t	=	32 t
D2	54 min	-	_____ s	=	3229 s
D3	59 h	-	_____ min	=	3530 min
D4	_____ h	+	2 h	=	6 h
D5	45 dm	-	_____ mm	=	4495 mm
D6	_____ m	+	12 cm	=	612 cm
D7	41 m	-	_____ dm	=	402 dm
D8	_____ m	+	5 m	=	12 m
E1	_____ cm	+	7 mm	=	77 mm
E4	_____ cm	+	10 cm	=	20 cm
E5	_____ dm	+	14 dm	=	26 dm
E6	_____ m	+	8 m	=	16 m
E9	_____ dm	+	4 mm	=	1104 mm
F2	_____ dm	+	18 cm	=	78 cm
F3	_____ dm	+	19 dm	=	23 dm
F5	58 m	-	_____ m	=	49 m
F7	45 cm	-	_____ mm	=	440 mm

Sudoku mit mathematischer Unterstützung - Rechnen hilft weiter

F8	_____ m	+	6 cm	=	1206 cm
F9	_____ m	+	14 dm	=	64 dm
G1	_____ m	+	20 m	=	26 m
G2	_____ t	+	11 mg	=	5000000011 mg
G4	_____ kg	+	11 g	=	9011 g
G5	59 kg	-	_____ kg	=	48 kg
G6	44 t	-	_____ t	=	34 t
G7	_____ min	+	5 s	=	245 s
G8	_____ h	+	8 min	=	488 min
G9	52 h	-	_____ h	=	45 h
H2	_____ mm	+	13 mm	=	20 mm
H3	55 cm	-	_____ cm	=	46 cm
H6	41 dm	-	_____ dm	=	29 dm
H7	_____ m	+	14 m	=	19 m
H9	53 m	-	_____ mm	=	52994 mm
I1	_____ m	+	11 cm	=	411 cm
I3	_____ dm	+	11 dm	=	19 dm
I4	_____ m	+	11 m	=	18 m
I5	_____ m	+	13 mm	=	6013 mm
I8	_____ cm	+	18 cm	=	29 cm
I9	44 dm	-	_____ dm	=	32 dm

Sudoku mit mathematischer Unterstützung - Rechnen hilft weiter

	A	B	C	D	E	F	G	H	I
1						-13		-10	
2		-17		-12				-11	
3	-14			-16		-9			
4	-15				-10		-13		
5		-11					-17		
6		-12			-14			-16	
7			-9		-15			-12	
8	-16				-17		-11		
9		-13		-12					

- Fülle die leeren Kästchen mit neun aufeinanderfolgenden ganzen Zahlen aus.
- Die kleinste dieser neun Zahlen ist   -17   .
- In jeder Zeile und in jeder Spalte darf jede dieser neun Zahlen nur genau einmal vorkommen.
- Auch in jedem der neun fett umrandeten 3mal3-Felder darf jede dieser neun Zahlen nur genau einmal vorkommen.
- Immer wenn du mal nicht mehr weiterkommst, löse die zugehörige Aufgabe und trage die richtige Lösung ein.

A1	Addiere zu der Summe von -4,89 und 1 die Summe von -0,11 und -8.
A2	Addiere zu der Differenz von -11,84 und 1,3 die Summe von 4 und 0,14.
A5	Dividiere die Differenz von -11,298 und -12 durch das Produkt von -0,06 und 0,9.
A6	Addiere zu der Summe von -4,79 und -0,08 die Differenz von -12 und 0,13.
A7	Dividiere die Summe von -136,8 und -1,8 durch die Summe von -0,14 und 14.
A9	Dividiere die Differenz von -13,02 und 0,18 durch die Differenz von 1,2 und 0.
B1	Addiere zu der Summe von -32 und 9 die Differenz von 15 und 8.
B3	Addiere zu der Differenz von -10,14 und -0,14 das Produkt von 0,13 und 0.
B4	Dividiere die Differenz von -3,36 und -3 durch die Summe von 0,17 und -0,13.
B7	Dividiere die Summe von -154,7 und -0,7 durch die Differenz von 11 und -0,1.
B8	Dividiere die Summe von 429 und 3 durch das Produkt von -18 und 1,6.
C1	Addiere zu der Summe von 4,58 und -16 das Produkt von 7 und 0,06.
C2	Addiere zu der Differenz von -12,34 und 0,06 die Differenz von -1,2 und -0,6.
C3	Addiere zu dem Produkt von 1,2 und -0,02 die Summe von -15,126 und 0,15.
C4	Dividiere die Differenz von 0,94 und -0,02 durch die Differenz von -0,1 und -0,04.
C5	Addiere zu der Summe von -14,02 und -0,18 die Summe von 0,09 und 0,11.
C6	Addiere zu der Summe von 2,065 und -12 das Produkt von -0,13 und 0,5.
C8	Dividiere die Differenz von 138,4 und -8 durch die Summe von 1,8 und -14.
C9	Dividiere die Differenz von 68,13 und 0,13 durch das Produkt von 4 und -1.

Sudoku mit mathematischer Unterstützung - Rechnen hilft weiter

D1   Addiere zu dem Produkt von 11 und 0,18 die Differenz von -10,97 und 0,01.

D2   Subtrahiere von der Summe von 1,54 und 1,3 die Differenz von 13 und 0,16.

D3   Subtrahiere von der Differenz von -10,55 und 0,05 die Summe von 0,2 und 0,2.

D4   Addiere zu der Differenz von -17,52 und 0 die Summe von 0,5 und 0,02.

D5   Addiere zu der Differenz von -14,64 und 0,1 das Produkt von 18 und -0,07.

D6   Subtrahiere von der Summe von -15,79 und -0,6 die Summe von -0,09 und -1,3.

D7   Addiere zu der Summe von 2,96 und -16 die Summe von -0,02 und 0,06.

D8   Addiere zu der Summe von -12,06 und -0,04 das Produkt von -1 und 1,9.

E1   Subtrahiere von der Summe von -13,41 und 0,11 die Summe von 1 und -0,3.

E4   Addiere zu der Differenz von -14,49 und -0,19 die Differenz von -0,7 und -4.

E5   Addiere zu dem Produkt von 19 und 0,01 die Summe von -9,89 und 0,7.

E6   Subtrahiere von der Summe von -11,6 und 0,2 die Differenz von 0,6 und -1.

E9   Addiere zu der Differenz von 1,8 und -1,8 die Differenz von -1,6 und 12.

F2   Subtrahiere von der Summe von -16,3 und -1,4 das Produkt von 0,9 und -3.

F3   Subtrahiere von der Differenz von -3,82 und 15 die Differenz von -1,9 und -0,08.

F5   Addiere zu dem Produkt von 4 und 0,03 die Differenz von -12,13 und -0,01.

F7   Addiere zu der Summe von -8,15 und 1,3 die Differenz von -4 und 0,15.

F8   Addiere zu der Differenz von -23,9 und 1,1 die Summe von 17 und -1.

F9   Addiere zu der Differenz von -17,3 und -1,9 das Produkt von -6 und 0,1.

G1   Subtrahiere von der Differenz von -16,3 und -0,5 das Produkt von 2 und -0,4.

G2   Subtrahiere von dem Produkt von -2 und -0,1 die Differenz von 14,5 und -1,7.

G4   Subtrahiere von der Summe von -11,4156 und -0,6 das Produkt von -0,12 und 0,13.

G5   Subtrahiere von der Differenz von -7,7 und -0,1 die Differenz von 4 und 1,6.

G6   Subtrahiere von dem Produkt von -1,6 und 2 die Summe von 7,75 und 0,05.

G7   Addiere zu dem Produkt von 0,19 und 0,19 die Summe von -16,9561 und -0,08.

G8   Subtrahiere von der Summe von -16,2 und 1 die Summe von -1,9 und -0,3.

G9   Subtrahiere von der Summe von -18,06 und 4 das Produkt von -0,04 und 1,5.

H2   Dividiere die Summe von 3,2 und 1 durch die Summe von -0,12 und -0,18.

H3   Dividiere die Summe von 14,72 und -17 durch die Differenz von 0,16 und -0,03.

H6   Subtrahiere von dem Produkt von -1,2 und 0,07 die Differenz von 7,816 und -1,1.

H7   Addiere zu dem Produkt von -13 und 0,5 die Differenz von -9,3 und 0,2.

H9   Subtrahiere von der Differenz von -14,57 und -0,04 die Summe von 0,5 und -0,03.

I1   Subtrahiere von dem Produkt von 16 und -1 die Summe von 1,18 und -0,18.

I3   Dividiere die Summe von 3,74 und -0,1 durch das Produkt von -0,02 und 14.

I4   Subtrahiere von der Differenz von 1,96 und -0,04 die Summe von 9 und 7.

I5   Subtrahiere von der Differenz von -13 und 0,2 das Produkt von -1,8 und -1.

I8   Subtrahiere von der Summe von -7,1 und 1,1 die Differenz von 0 und -4.

I9   Subtrahiere von der Differenz von -17,09 und -6 die Differenz von -2 und 0,09.

Sudoku mit mathematischer Unterstützung - Rechnen hilft weiter

	A	B	C	D	E	F	G	H	I
1						Q		T	
2		M			R				S
3	P				N		U		
4	O				T		Q		
5		S					M		
6		R				P			N
7		U		O					R
8	N				M		S		
9		Q		R					

- Fülle die leeren Kästchen mit neun aufeinanderfolgenden Buchstaben aus.
- Der erste dieser neun Buchstaben lautet   **M** .
- In jeder Zeile und in jeder Spalte darf jeder dieser neun Buchstaben nur genau einmal vorkommen.
- Auch in jedem der neun fett umrandeten 3mal3-Felder darf jeder dieser neun Buchstaben nur genau einmal vorkommen.
- Immer wenn du mal nicht mehr weiterkommst, löse die zugehörige Aufgabe und trage die richtige Buchstabenlösung ein.

M	N	O	P	Q	R	S	T	U
77	78	79	80	81	82	83	84	85

A1	Addiere zu der Summe von 97,53 und -16 die Summe von 0,17 und 0,3.
A2	Addiere zu der Differenz von 66,12 und -17 die Summe von 0,18 und 1,7.
A5	Dividiere die Differenz von 69,37 und 7 durch das Produkt von 0,7 und 1,1.
A6	Addiere zu der Summe von 76,82 und 1,7 die Differenz von -1,7 und -0,18.
A7	Dividiere die Summe von 1518,52 und 0,2 durch die Summe von 0,08 und 18.
A9	Dividiere die Differenz von 1508,58 und 1,3 durch die Differenz von 0,16 und -18.
B1	Addiere zu der Summe von 83,03 und -0,03 die Differenz von -15 und -10.
B3	Addiere zu der Differenz von 84,95 und 1,4 das Produkt von 5 und 0,09.
B4	Dividiere die Differenz von 8,57 und 0,07 durch die Summe von -0,01 und 0,11.
B7	Dividiere die Summe von 1052,8 und -12 durch die Differenz von 0,01 und -13.
B8	Dividiere die Summe von -692,2 und -3 durch das Produkt von 8 und -1,1.
C1	Addiere zu der Summe von 57,23 und 0,17 das Produkt von 1,6 und 16.
C2	Addiere zu der Differenz von 95,7 und 14 die Differenz von -0,5 und 0,2.
C3	Addiere zu dem Produkt von 0,3 und 13 die Summe von 90,1 und -15.
C4	Dividiere die Differenz von -934,2 und 1,8 durch die Differenz von 7 und 19.
C5	Addiere zu der Summe von 75,9 und 8 die Summe von -1,9 und -2.

Sudoku mit mathematischer Unterstützung - Rechnen hilft weiter

C6 Addiere zu der Summe von 70,9901 und 13 das Produkt von -0,09 und -0,11.
C8 Dividiere die Differenz von -125,58 und 0,7 durch die Summe von -0,04 und -1,5.
C9 Dividiere die Differenz von -1839 und 9 durch das Produkt von 12 und -2.
D1 Addiere zu dem Produkt von 0,05 und -3 die Differenz von 85 und -0,15.
D2 Subtrahiere von der Summe von 84,08 und 0,05 die Differenz von 0,2 und 0,07.
D3 Subtrahiere von der Differenz von 91,6 und 13 die Summe von 0,6 und -5.
D4 Addiere zu der Differenz von 75,37 und -3 die Summe von -0,17 und -1,2.
D5 Addiere zu der Differenz von 232,6 und 0,6 das Produkt von -11 und 14.
D6 Subtrahiere von der Summe von 59,47 und -0,6 die Summe von -0,13 und -20.
D7 Addiere zu der Summe von 79,84 und 1,5 die Summe von -0,18 und -0,16.
D8 Addiere zu der Summe von 95,2 und 12 das Produkt von -1,7 und 16.
E1 Subtrahiere von der Summe von 80,12 und -0,03 die Summe von 0,04 und 0,05.
E4 Addiere zu der Differenz von 80,8 und 1,4 die Differenz von 1,9 und -1,7.
E5 Addiere zu dem Produkt von -4 und 0,19 die Summe von 85,8 und -0,04.
E6 Subtrahiere von der Summe von 70,92 und -0,03 die Differenz von -10 und 0,11.
E9 Addiere zu der Differenz von 84,73 und -0,14 die Differenz von -0,7 und 0,17.
F2 Subtrahiere von der Summe von 75,05 und 2 das Produkt von 13 und -0,15.
F3 Subtrahiere von der Differenz von 72,31 und -5 die Differenz von 0,5 und 0,19.
F5 Addiere zu dem Produkt von -0,5 und 8 die Differenz von 85,8 und -0,2.
F7 Addiere zu der Summe von 99,16 und -0,09 die Differenz von -16 und 0,07.
F8 Addiere zu der Differenz von 85,03 und 1,8 die Summe von 0,17 und 1,6.
F9 Addiere zu der Differenz von 75,14 und -1,9 das Produkt von 8 und 0,12.
G1 Subtrahiere von der Differenz von 59,68 und -19 das Produkt von -2 und 0,16.
G2 Subtrahiere von dem Produkt von -1,9 und 0,7 die Differenz von -73,33 und 6.
G4 Subtrahiere von der Summe von 82,773 und -0,8 das Produkt von -0,03 und 0,9.
G5 Subtrahiere von der Differenz von 101,7 und 7 die Differenz von 0,7 und -10.
G6 Subtrahiere von dem Produkt von 0 und 0,14 die Summe von -82,81 und -0,19.
G7 Addiere zu dem Produkt von 0,5 und -10 die Summe von 90 und -8.
G8 Subtrahiere von der Summe von 82 und 0 die Summe von -19 und 20.
G9 Subtrahiere von der Summe von 66,6 und -0,6 das Produkt von 20 und -0,7.
H2 Dividiere die Summe von -1,2 und 14 durch die Summe von 0,16 und 0.
H3 Dividiere die Summe von -863 und 2 durch die Differenz von -12 und -1,5.
H6 Subtrahiere von dem Produkt von -0,5 und 2 die Differenz von -84 und 2.
H7 Addiere zu dem Produkt von 11 und 0,19 die Differenz von 80,91 und 5.
H9 Subtrahiere von der Differenz von 93,7 und 5 die Summe von 10 und -0,3.
I1 Subtrahiere von dem Produkt von 0 und 1,8 die Summe von -69 und -8.
I3 Dividiere die Summe von -86,06 und -16 durch das Produkt von -9 und 0,14.
I4 Subtrahiere von der Differenz von 90 und -0,2 die Summe von 0,2 und 10.
I5 Subtrahiere von der Differenz von 68,52 und -10 das Produkt von -16 und 0,03.
I8 Subtrahiere von der Summe von 92,9 und -9 die Differenz von -0,01 und 0,09.
I9 Subtrahiere von der Differenz von 84,51 und 0 die Differenz von -0,09 und 0,4.

Sudoku mit mathematischer Unterstützung - Lösung

	A	B	C	D	E	F	G	H	I
1	16	12	17	19	14	15	13	18	11
2	19	11	15	18	16	13	12	14	17
3	14	18	13	17	12	11	19	16	15
4	13	19	12	11	17	18	16	15	14
5	15	17	14	12	19	16	18	11	13
6	11	16	18	13	15	14	17	19	12
7	18	14	19	15	13	17	11	12	16
8	12	13	16	14	11	19	15	17	18
9	17	15	11	16	18	12	14	13	19

Sudoku mit mathematischer Unterstützung - Lösung

	A	B	C	D	E	F	G	H	I
1	9	5	10	12	7	8	6	11	4
2	12	4	8	11	9	6	5	7	10
3	7	11	6	10	5	4	12	9	8
4	6	12	5	4	10	11	9	8	7
5	8	10	7	5	12	9	11	4	6
6	4	9	11	6	8	7	10	12	5
7	11	7	12	8	6	10	4	5	9
8	5	6	9	7	4	12	8	10	11
9	10	8	4	9	11	5	7	6	12

Sudoku mit mathematischer Unterstützung - Lösung

	A	B	C	D	E	F	G	H	I
1	-12	-16	-11	-9	-14	-13	-15	-10	-17
2	-9	-17	-13	-10	-12	-15	-16	-14	-11
3	-14	-10	-15	-11	-16	-17	-9	-12	-13
4	-15	-9	-16	-17	-11	-10	-12	-13	-14
5	-13	-11	-14	-16	-9	-12	-10	-17	-15
6	-17	-12	-10	-15	-13	-14	-11	-9	-16
7	-10	-14	-9	-13	-15	-11	-17	-16	-12
8	-16	-15	-12	-14	-17	-9	-13	-11	-10
9	-11	-13	-17	-12	-10	-16	-14	-15	-9

Sudoku mit mathematischer Unterstützung - Lösung

	A	B	C	D	E	F	G	H	I
1	R	N	S	U	P	Q	O	T	M
2	U	M	Q	T	R	O	N	P	S
3	P	T	O	S	N	M	U	R	Q
4	O	U	N	M	S	T	R	Q	P
5	Q	S	P	N	U	R	T	M	O
6	M	R	T	O	Q	P	S	U	N
7	T	P	U	Q	O	S	M	N	R
8	N	O	R	P	M	U	Q	S	T
9	S	Q	M	R	T	N	P	O	U